太阳系简史 3

破解陨石密码

POJIE YUNSHI MIMA

王 煜◎著

U0178957

地质出版社

· 北 京 ·

自序

    幼年的时候，我住在田园牧歌般的村子里。每到夏日薄暮初上，邻居们带着手电筒和小凳子，聚在场头路口的大树下乘凉。此时田间劳作告一段落，秧苗在田里蓬勃生长，散发着清新气息。我躺在凉床上，看着满天的繁星。偶尔一颗流星划过天空，引起我无限遐想。

    我总会指着天空中的星星问这问那，长辈们叫不出这些星星的大名，但是会讲出各种有趣的故事。于是我知道了后羿如何射下九个太阳；嫦娥又是怎样飞到月亮上的；我还知道牛郎和织女被迫分离后，牛郎在银河边上等着与织女相会；后来又听说了神农派小狗去天宫盗谷种，小狗在回来的路上游过银河的时候弄丢了身上的谷种，只留下尾巴尖上的一点，成了现在的稻穗。

    这些故事构成了我对天空的丰富想象，也在心底埋下了我要探索星空奥秘的种子。如今生活在城市的孩子很难看到满天的繁星，也缺少了对天空的大胆想象，然而探索星空奥秘、成为仰望星空的人是我一直不变的理想。

　　我要让每个孩子都能看到真正的星空,探索星空中的奥秘。十余年来,我写了很多篇科普文章,也在筹划建设给孩子们看星星的天文台。物质建设的脚步没有停歇,精神食粮的补给也在源源不断地输出。

　　这套《太阳系简史》就是离星空最近的"精神阶梯",它以简练的语言、有趣的表达和精美的绘画,介绍了太阳系这个庞大的天体系统。想知道陨石来自哪里吗?宇宙到底有多大?超新星爆发又会产生多大的威力?我们在认识宇宙万物的同时也在开发探索它们给予我们的宝贵资源,要想离星空更近,就要有更准确的信息,带着好奇心去探索星空带给我们的奥秘吧!

　　仰望星空的同时也是在播撒科学的种子,更是在传递科学的精神。

王煜

2021.6

漫长的旅行终于结束了，想好好休息一下，于是小石头就这样静静地躺着。

时光飞逝，一千年，一万年，一百万年，转眼就过去了……

沧海桑田，这里从森林变成了草原，又从草原变成了沙漠。

小石头……哦，不，叫它陨石更符合它的身份。

陨石还是那样静静地躺在角落里。

生命的摇篮——海洋

地球是目前太阳系中唯一有生命存在的星球。生命离不开阳光，也离不开水。那么，水是从哪里来的呢？

关于水的来源，科学界有两种不同的看法：一是原生说，二是外来说。

支持原生说的专家认为，45亿年前，太阳星云中的尘埃物质不断凝聚，最终形成了地球。接着地球快速自转，从而使熔融状态下的原始物质里的水分不断向地表移动，逐渐释放出来。当地表温度降到100摄氏度以下时，水蒸气就凝结成雨降落到地面形成了海洋。

支持外来说的专家又分为两派：一派认为大量的陨石或彗星降落到地球表面，把外太空的水带到了地球，从而形成了海洋；另一派认为太阳风带来的带正电的基本粒子，与地球大气中带负电的电子结合成氢原子，然后再与氧原子发生反应，形成了水分子，最终形成了海洋。

它静静地躺在那里，看着世界发生令人难以置信的变化。

大约260万年前，有一种动物学会了制造工具。

100万年前，他们开始用火。

在这100万年间，他们在这里追逐斑马和羚羊。

后来，他们开始开垦土地，种植粮食。

这种动物就是人类。

陨石目睹了这一切的变化……

古人类演化历史

5500 万年前，灵长类阿喀琉斯基猴在亚洲诞生，并向其他大陆扩散。

3400 万年前，全球气候急剧变冷，灵长类动物在环境急剧变化的情况下，形成了两种不同的演化模式：生活于北美、亚洲北部和欧洲的灵长类动物几乎绝灭；而生活在非洲北部和亚洲南部热带丛林中的灵长类动物却幸存了下来，最终走出非洲，扩散到欧亚大陆。

1300 万年前，森林古猿进化成人形动物。

700 万年前，一支森林古猿分化出乍得人猿和大猩猩。

520 万年前，始祖地猿与黑猩猩从乍得人猿那里分家。

420 万年前，始祖地猿演化成阿法南方古猿，最著名的就是化石"露西"。

260 万年前，阿法南方古猿演化成能人。

200 万年前，能人进化成直立人（匠人、北京猿人、元谋人、海德堡人等）。

50 万年前，海德堡人演化成早期智人（尼安特人）和 3 万年前的晚期智人（克罗马农人、山顶洞人和田园洞人等）。

时光向前，环境变迁，地球上的物种也在不断演化，新的物种出现，更多的物种消失了，就像永不回头的旅行者。

倒下的它们，变成了化石，仿佛雪地上留下的长长足迹。

猛犸象

猛犸象长5米，高4米，重6~8吨。它们长着很长的门牙，长约1.5米。猛犸象的全身披着长长的毛，背部的毛最长，可达50厘米，长毛底下还长着一层厚厚的绒毛，皮下还有一层9厘米厚的脂肪，头颈部耸立着高高的"驼峰"，里面储存着丰富的脂肪，这些沉重的"武装"使猛犸象能够在极端严寒的气候条件下生存。

在距今1万年前，猛犸象灭绝了。

猛犸象就是时间的旅行者，它们从这里路过，随着越来越少的冰雪不断向北方退却，直至消失在北极圈。

冰河融化后，猛犸象灭绝了，剑齿虎也灭绝了……
而陨石，还一直躺在那里，等待发现它的人出现。

心脏的演化

6500万年前，脊椎动物开始了大繁荣。从此，迎来了哺乳动物的繁荣和多样化，即开启了"哺乳动物时代"。

由哺乳动物的心脏演化可知，脊椎动物的身体结构是在漫长的时间里，由水生到陆生，由简单到复杂，由低等到高等，按一定的顺序不断地发展和进化。

不知什么时候来了一支科考队，他们在这里寻找矿物和化石，似乎想要寻找更多地球演化的证据。

科考队里还有两个小朋友，名叫贺喜哥哥和彩虹妹妹，听说他们都是找石头的高手。

突然，那个叫彩虹妹妹的小女孩有了新的发现。

大家顺着她的叫声围了过来，原来彩虹妹妹发现了一块陨石。没错，就是那块被遗忘在角落里的陨石，终于有人发现它了。

科考队开始组织人手挖掘，甚至还喊来了村民来帮忙。

一位村民说："我小的时候它就在这里了。那时候放牧累了，我就会坐在它上面休息，我的骆驼还喜欢舔它呢。"

彩虹妹妹说："这块石头摸起来滑滑的，和其他的石头不一样。"

陨石

　大多数陨石来自火星和木星之间的小行星带，小部分来自月球和火星。陨石的平均密度在 3~3.5 克每立方厘米之间，主要成分是硅酸盐。

彩虹妹妹和贺喜哥哥的爸爸知道了这一情况后，坚定地说："附近一定还有！"

"还有什么……"还没等贺喜哥哥问完，爸爸就迫不及待地开着越野车带大家去一探究竟了。

大家借着越野车的灯光，在发现第一块陨石的周围寻找。

贺喜哥哥好像发现了什么，他将手电筒的灯光照在一块石头上，没想到灯光竟然能把那块石头穿透。

"爸爸，快来看！"贺喜哥哥忍不住兴奋地喊着。

爸爸接过那块石头，借用手电筒的光观察着。"是橄榄陨铁！这是形成于小行星内部的岩石，当时有一颗别的小行星把它的母体小行星给撞碎了！"

我这也有新发现。

看看这是什么？

陨石的分类

世界上已经发现了 7 万多块陨石样品，可将它们大致分为石陨石、铁陨石和石铁陨石。

"哇，那次的爆炸比原子弹还厉害吧？"贺喜哥哥听到爸爸这样说，立刻好奇起来。

"是不是就像放烟花那样？"彩虹妹妹的手在空中比划着。

"是的，那是比一千颗原子弹同时爆炸还要厉害的'大烟花'！这是体积相当大的小行星，它的核心是熔融的金属，冷却后会形成铁陨石，这块来自稍微靠外一点的位置，大概相当于地球的地幔。想想玄武岩里的橄榄石，不就是这样的吗？"

橄榄陨铁

橄榄陨铁是石铁陨石的一种，主要由橄榄石、金属和陨硫铁组成。

爸爸小心翼翼地将陨石带回到工作室，这块陨石自己肯定也想不到，自己历经险阻又经过漫长等待最后会来到这里。

只见爸爸小心地从陨石上切开一块，仔细观察着它熔壳下的结构。

在其中的一块小陨石上，爸爸有了不一样的发现。

经过多番考证，爸爸可以确认这是一种少见的球粒陨石，也许有非常重要的科研价值。

17

爸爸激动地拨通了天文台的电话，他要将这一重要消息上报。

天 文 台

　　天文台是专门进行天象观测和天文学研究的机构，世界各国天文台大多建在山上。

　　中国早期建设的天文台，在当时被称为清台、灵台、观象台。

紫金山天文台

中国科学院紫金山天文台前身是成立于 1928 年的国立中央研究院天文研究所，1950 年更为现名。它位于紫金山第三峰上，处于中山陵园风景区内。它是我国建立的第一个现代天文学研究机构，被誉为"中国现代天文学的摇篮"。

南京紫金山上，夕阳把天文台的圆顶照得金灿灿的。

夜幕降临，圆顶纷纷打开。望远镜被摆在了最佳位置，以备观测之用。

望远镜

望远镜是一种利用透镜或反射镜以及其他光学器件观测遥远物体的光学仪器。其利用透镜对光线的折射或凹面反射镜对光线的反射，使光线聚于焦点成像，再经过一个放大目镜而被看到，又称"千里镜"。

喂，你好，这里是……

第一台天文望远镜

　　1608 年，荷兰的一位眼镜商汉斯·利伯希偶然发现用两块镜片可以看清远处的景物，受此启发，他制造了人类历史上的第一台望远镜。

　　1609 年，意大利佛罗伦萨人伽利略发明了人类历史上第一台天文望远镜，这是第一台用于天文观测的望远镜。

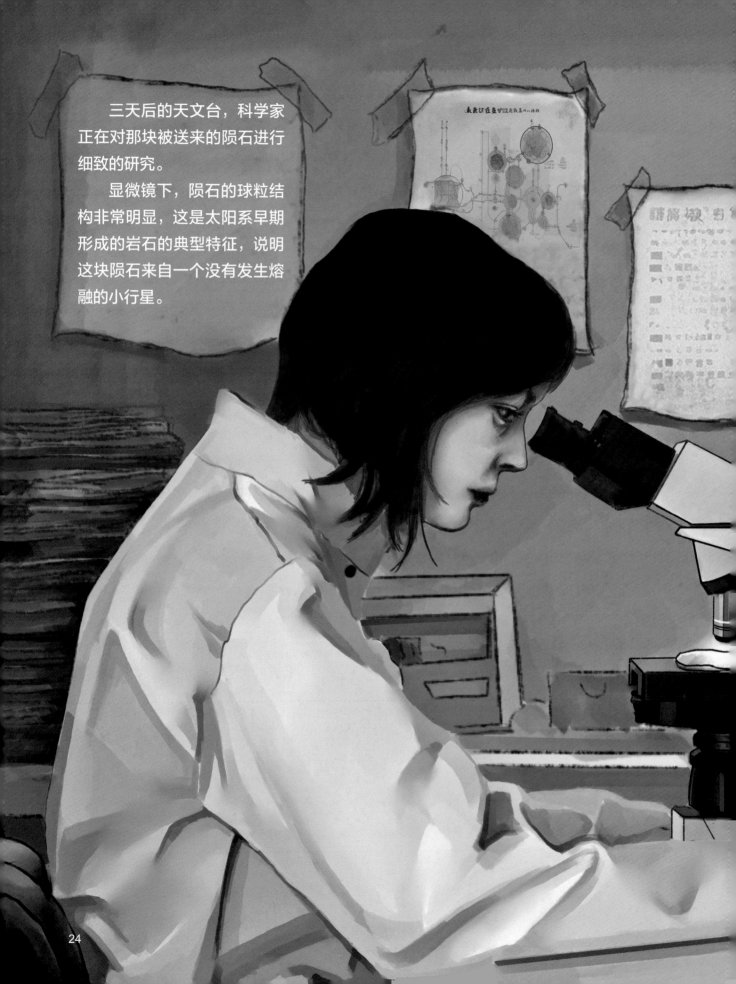

三天后的天文台，科学家正在对那块被送来的陨石进行细致的研究。

显微镜下，陨石的球粒结构非常明显，这是太阳系早期形成的岩石的典型特征，说明这块陨石来自一个没有发生熔融的小行星。

光谱分析法

本生和基尔霍夫用光谱来分析物质的化学成分，开创了崭新的分析方法，叫作光谱分析法。

本生和基尔霍夫用光谱分析法，发现了新元素——铯和铷。

1861 年，英国化学家克鲁克斯用光谱分析法，发现了铊。

1863 年，德国化学家赖希和李希特用光谱分析法，发现了铟。

鉴定后的结果引起了贺喜哥哥、彩虹妹妹和爸爸的热烈讨论。

贺喜哥哥疑惑地问爸爸："人类没到过小行星，又怎么会知道这块陨石是从哪里来的呢？"

"我们有光谱啊！想想彩虹为什么是彩色的呢？"爸爸耐心地告诉贺喜。

"咦？是在说我吗？"彩虹妹妹听见爸爸这么说很好奇的样子。

"1666年，牛顿做了一个实验，他把三棱镜放在阳光下，光被分解成了不同的颜色，这就是光谱。"

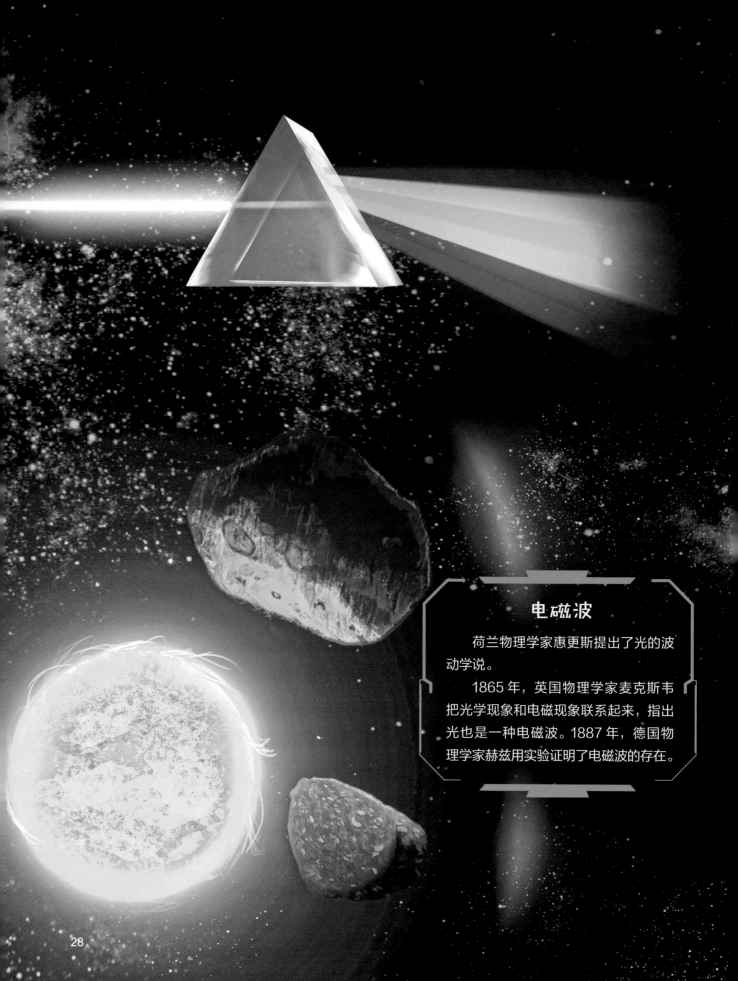

电磁波

　　荷兰物理学家惠更斯提出了光的波动学说。

　　1865 年，英国物理学家麦克斯韦把光学现象和电磁现象联系起来，指出光也是一种电磁波。1887 年，德国物理学家赫兹用实验证明了电磁波的存在。

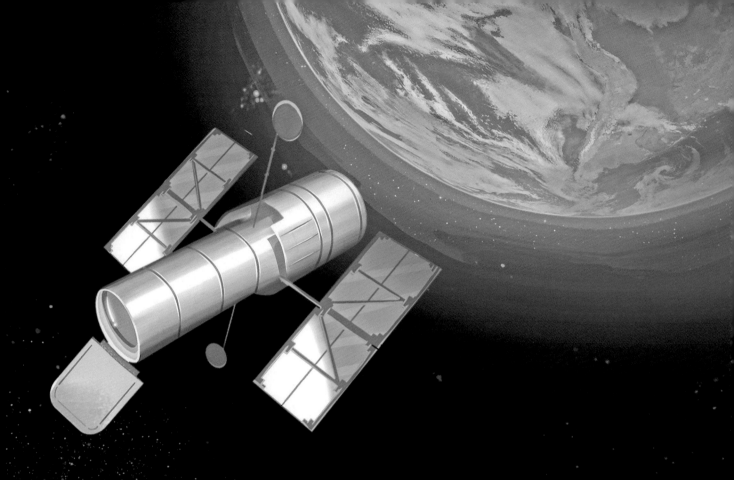

电磁辐射按照波长由小到大排列

γ 射线 ⟶ X 射线 ⟶ 紫外光 ⟶ 可见光 ⟶ 红外光 ⟶ 微波 ⟶ 无线电波

奇妙的光谱

在可见光波段，波长越长，光的颜色越偏红；波长越短，颜色越偏紫。

自然界中任何物质都具有发射或吸收特定波长光线的能力，太空里的岩石也不例外。物体在发射或吸收光线后，形成自己独特的光谱特征，就像人的指纹一样。由此，人们可以辨别不同类型的岩石和天体。

地球到太阳的距离是1个天文单位，也就是1.5亿千米。而每天照到我们身上的太阳光，是8分钟之前从太阳发出的。

可见，在太阳系里旅行，是一件多么耗时的事情。

我们努力发射更大更快的火箭，但在宇宙面前，它们依然像蜗牛在爬行。

1月近日点

7月远日点

1.471 亿千米

1.521 亿千米

31

柯伊伯带位于太阳系的海王星轨道外，距离太阳30～50个天文单位。

1977年发射的旅行者2号，用了12年的时间终于飞过了海王星，然后拐了个弯，朝太阳系外飞去了。

彗　星

柯伊伯带是哈雷彗星的发源地。

彗星是绕太阳运行的一种质量较小的天体。中国民间俗称"扫帚星"。

哈雷彗星

哈雷彗星是第一颗被预言回归的周期彗星。1705 年，英国天文学家哈雷根据 1531 年、1607 年、1682 年出现彗星的轨道相似性，推测它们是同一颗彗星，并预言这颗彗星于 1758—1759 年再度回归。1759 年 3 月 13 日，这颗大彗星果然如约而至。后来，人们为了纪念哈雷的贡献，就把这颗彗星称为"哈雷彗星"。

关于哈雷彗星的最早记录

　　公元前 613 年，中国有彗星的最早记录，这是世界上第一次对哈雷彗星的记录。自公元前 240 年开始，每次这颗彗星出现，我国的史书上都会有记录。

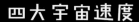

四 大 宇 宙 速 度

第一宇宙速度是航天器围绕地球表面作圆周运动时的速度，第一宇宙速度的大小为 7.9 千米每秒。

第二宇宙速度是航天器脱离地球引力场所需的最低速度，第二宇宙速度的大小为 11.2 千米每秒。

第三宇宙速度是航天器脱离太阳引力场所需的最低速度，第三宇宙速度的大小为 16.7 千米每秒。

第四宇宙速度是指在地球上发射的物体摆脱银河系引力束缚，飞出银河系所需的最小初始速度。

旅行者2号的速度达到了第三宇宙速度，也就是16.7 千米每秒。

2006年发射的探测器"新视野号"，速度达到了21.2 千米每秒，在2016年进入了柯伊伯带。

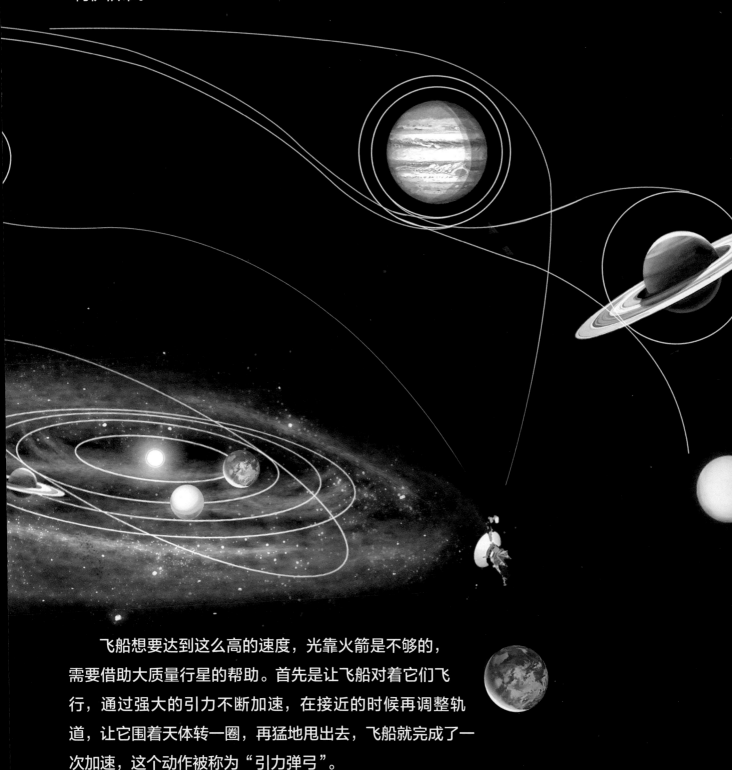

飞船想要达到这么高的速度，光靠火箭是不够的，需要借助大质量行星的帮助。首先是让飞船对着它们飞行，通过强大的引力不断加速，在接近的时候再调整轨道，让它围着天体转一圈，再猛地甩出去，飞船就完成了一次加速，这个动作被称为"引力弹弓"。

　　1万年前，我们的祖先仰望星空，在石头上刻下了北斗七星的图案。

　　今天，我们通过天文望远镜观测遥远的天体，思考宇宙起源和物种演化的问题。

宇宙从哪来？它会往哪去？宇宙的外面是什么？我又从哪里来？为什么我会在这里思考？

北斗七星

北斗七星依次被称作天枢、天璇、天玑、天权、玉衡、开阳、瑶光。从天璇通过天枢向外延伸一条直线，延长5倍多些，就可见到一颗和北斗七星差不多亮的星星，这就是北极星。

瑶光

开阳

玉衡

天权

天玑

天璇

天枢

魁 星

代表北斗七星勺身的四颗星星，被称为"魁"。"魁"在中国古代可不一般，它可是传说中的"文曲星"，专门负责人间的科举考试，谁要是中了状元，就被世人称为"文曲星"下凡。

北 斗 七 星 的 方 位 与 季 节

北斗七星在不同的季节和夜晚不同的时间，出现于天空不同的方位：斗柄东指，为春；斗柄南指，为夏；斗柄西指，为秋；斗柄北指，为冬。

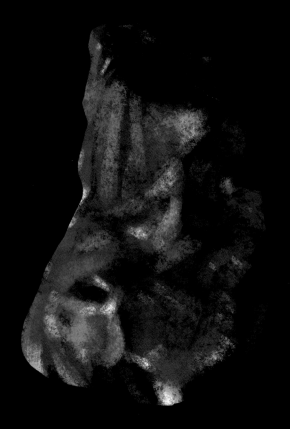

人类暂时无法拜访遥远的天体，但是我们可以通过陨石去了解它们。陨石携带了太阳系形成和演化的奥秘，像宇宙信使一样降临地球，等待科学家们去解读。

爸爸手里的那颗陨石，和小行星带的一类小行星的光谱特征吻合。

也就是说我们不用飞到那里便有了实物标本，这真是太幸运了！

我们可以足不出户，借助陨石就能获得大量太阳系其他行星和小行星的标本，人们目前发现的陨石主要来自小行星带，少量来自月球和火星。

那太阳系外的天体呢？

名称：阿林铁陨石

拉丁文 / 英文：Sikhote-Alin

坠落时间：1947 年 2 月 12 日

坠落地点：俄罗斯 Primorskiy Kray

坐标：46° 9'36" N, 134°39'12" E

1947 年 2 月 12 日上午 10 点 30 分，俄罗斯的滨海边疆区，一颗巨大的火球从天而降，大量的陨石散落在地面上，其中的一块把地面砸出了一个直径 20 多米的深坑。随后，多达数十吨的陨石被找到，大部分保存在苏联科学院的库房中。近年来，在这一带发现了一些残留的陨石。

名称：阿根廷陨石

拉丁文 / 英文：Campo del Cielo

坠落时间：1576 年

坠落地点：阿根廷

坐标：27°28'S，60°35'W

4000 多年前，南美洲的阿根廷曾经发生过一场规模很大的陨石雨，早在 16 世纪，欧洲殖民者就发现，当地的土著经常使用质量非常好的铁制造武器，直到 1788 年，这些铁才被确认为是铁陨石，其坠落地点也被确认。命名为 Campo del Cielo 陨石。

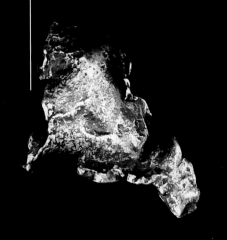

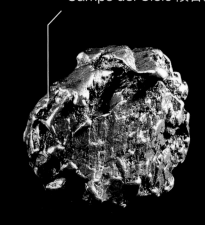

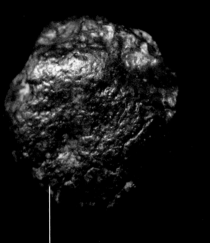

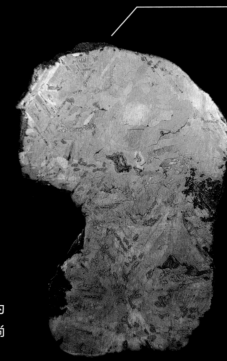

名称：球粒陨石

拉丁文 / 英文：Chondrite

坠落时间：近年

坠落地点：阿尔及利亚

阿尔及利亚普通球粒陨石是一种较为常见的陨石，坠落地点和坠落时间尚未揭露，属于石陨石中的球粒陨石。

名称：南丹陨石

拉丁文 / 英文：Nantan

坠落地点：中国

据史书记载，1516 年（明代正德十一年）6 月 7 日，现广西壮族自治区南丹县内有巨大的陨石降落，但当时未能及时找到坠落的陨石。1958 年，地质队员发现了不少红褐色的有锈痕的"铁矿石"，当人们发现这些"铁矿石"无法被熔化后，感到奇怪，遂逐级上报，直至中央有关部门。经中国科学院的专家研究证实，它就是史书上记载的"南丹陨石"。南丹陨石内含铁、镍、钴、磷等元素。和大多数铁陨石一样，它有非常漂亮的维斯台登纹。

名称：肯尼亚橄榄陨铁

拉丁文 / 英文：Sericho

坠落时间：2016 年

坠落地点：肯尼亚

坐标：　1°5'41.16"N，39° 6' 8.30 "E

Sericho 陨石是一种含橄榄石的陨石。它由铁纹石、镍纹石组成的铁镍金属包裹黄色透明的橄榄石晶体组成。它的切片非常美丽，深受大家的喜爱。

肯尼亚橄榄陨铁切片

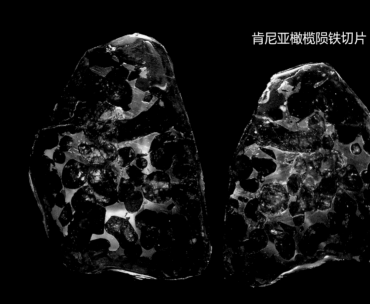

这是继月球和火星载人航天工程后的一次远征。

爸爸和兄妹俩静静地坐在台下，贺喜哥哥随身带着几年前捡到的那颗陨石，这次远征的目的地就是陨石的母体小行星。

这颗形成于太阳系早期的小行星，究竟隐藏着什么秘密呢？

火箭将会以更快的速度飞行，3年后抵达目的地。

航天之父——齐奥尔科夫斯基

康斯坦丁·齐奥尔科夫斯基(1857年9月17日—1935年9月19日），现代宇宙航行学的奠基人，被称为"航天之父"。他最先论证了利用火箭进行星际交通、制造人造地球卫星和近地轨道站的可能性，指出发展宇宙航天和制造火箭的合理途径。

中国航天之父——钱学森

　　1911 年 12 月，钱学森出生于上海，毕业于上海交通大学、美国加州理工学院，中国载人航天奠基人，中国科学院及中国工程院院士。他长期担任中国火箭、导弹和卫星研制的技术领导职务，于 2009 年 10 月 31 日在北京逝世。

海南文昌发射场,新一代的火箭已经顺利升空,它载着5名航天员,执行探索小行星的任务。

它将在月球进行一次燃料补给,然后直飞木星,完成引力弹弓加速。

太空港

太空港就是空间客运的转运站,人类将在近地轨道、围绕月球和火星轨道,以及在地月系统中的自由点上陆续建成空间港。

当近地空间港和火星空间港建成后,便形成一个完整的航天运输网络。人类如要长期地在月球、火星和空间港上工作、生活、定居,必须不依赖于地球而开发完全能自给自足的生态圈,并建成初期前哨站和基地,形成开发太阳系的完整系统。

3年的时间，在地球上或许并没有那么漫长，可是在太空中才能更体会到什么是"度日如年"。浩瀚星空，只有几名航天员相依为伴。

太 空

太空就是地球大气层以外的宇宙空间。

太空站

太空站又称为"空间站""轨道站"
或"航天站",是可供多名航天员
巡航、长期工作和居住的载
人航天器。

星际空间

太阳风作为太阳发出的高能粒
子流,不能"刮"往无限远的宇宙,
而是会在日球层顶止步。星际空间
就是天体与天体之间的空间,
不仅有普通意义上的物质,
还有暗物质。

45

重型运载火箭

重型运载火箭是指具备了发射低、中、高不同地球轨道不同类型卫星及载人飞船的能力的火箭，其起飞推力达 3500 吨，低地轨道运载能力达到 100 吨；地球同步轨道运载能力达到 18 吨；飞向月球的轨道运载能力达到 32 吨；飞向火星及金星的轨道运载能力达到 28 吨。重型运载火箭是迈向超重型运载火箭的第一步。

长征五号

21 世纪中国研制了大型液体捆绑运载火箭。长征五号研制成功，标志着中国运载火箭实现了升级换代，是由航天大国迈向航天强国的关键一步，使中国运载火箭低轨和高轨的运载能力均跃升至世界第二。

2022 年 7 月 24 日 14 时 22 分，搭载问天实验舱的长征五号 B 遥三运载火箭，在我国文昌航天发射场点火升空，发射取得圆满成功。

2035年的国庆节，海南文昌的沙滩上连个落脚的地方都没有。

小行星开发飞船的核心舱会在今天发射，小城里来了200多万游客，大家都想见证这历史性的时刻。

爸爸说："我们去海湾的对岸露营吧，那里也可以看到发射。"

夕阳西下，落日的余晖染红了海面，5枚重型火箭同时发射。巨大的冲击波在海面激起了波涛，火箭穿云直上，火焰照亮了一大片天空。

图书在版编目（CIP）数据

太阳系简史3. 破解陨石密码 / 王煜著. — 北京：
地质出版社, 2023.8

ISBN 978-7-116-13132-3

Ⅰ. ①太… Ⅱ. ①王… Ⅲ. ①太阳系－儿童读物②陨
石－儿童读物 Ⅳ. ①P18-49

中国版本图书馆CIP数据核字(2022)第095991号

TAIYANGXI JIANSHI 3：POJIE YUNSHI MIMA

策划编辑：孙晓敏

执行策划：王一宾

责任编辑：王一宾

责任校对：陈　曦

出版发行：地质出版社

社址邮编：北京市海淀区学院路31号，100083

电　　话：（010）66554646（发行部）；（010）66554511（编辑室）

网　　址：https://www.gph.clmpg.com

传　　真：（010）66554656

印　　刷：中煤（北京）印务有限公司

开　　本：889 mm×1194 mm　1/16

印　　张：3

字　　数：30千字

版　　次：2023年8月北京第1版

印　　次：2023年8月北京第1次印刷

定　　价：128.00元（全四册）

书　　号：ISBN 978－7－116－13132－3